自然教育标准辑（一）

中国林学会　编

图书在版编目（CIP）数据

自然教育标准辑. 一 / 中国林学会编. -- 北京：中国林业出版社，2022.12
ISBN 978-7-5219-2000-0

Ⅰ. ①自… Ⅱ. ①中… Ⅲ. ①自然教育-标准 Ⅳ. ①G40-02

中国版本图书馆 CIP 数据核字（2022）第 235990 号

策划编辑：高红岩
责任编辑：李树梅
责任校对：苏　梅
封面设计：睿思视界视觉设计

出版发行：中国林业出版社
　　　　　（100009，北京市西城区刘海胡同7号，电话83223120）
电子邮箱：cfphzbs@163.com
网　　址：www.forestry.gov.cn/lycb.html
印　　刷：北京中科印刷有限公司
版　　次：2022年12月第1版
印　　次：2022年12月第1次
开　　本：787mm×1092mm　1/16
印　　张：4.5
字　　数：90千字
定　　价：52.00元

《自然教育标准辑(一)》编委会

编写单位 中国林学会

主　　任 陈幸良

委　　员（按姓氏拼音顺序）

冯育青　郭丽萍　李　鑫　马　红

秦向华　邵　丹　王秀珍　王　彬

姚建勇　赵兴凯

主　　编 郭丽萍

副 主 编 赵兴凯　秦向华　王秀珍

编　　者（按姓氏拼音顺序）

戴文澜　冯彩云　郭文霞　林昆仑

马　煦　秦　仲　王乾宇

前　言

标准化是为了建立最佳秩序、促进共同效益而开展的制定并应用标准的活动。标准化在推进国家治理体系和治理能力现代化中发挥着基础性、引领性作用。新时代推动高质量发展、全面建设社会主义现代化国家，迫切需要进一步加强标准化工作。2021年10月，中共中央、国务院印发《国家标准化发展纲要》，对我国标准化建设提出了新的要求、指明了新的方向，要求各地区、各部门结合实际认真贯彻落实。

在习近平生态文明思想的引领下，我国自然教育方兴未艾。自然教育顺应了公众关爱自然、回归自然的客观需求，是推动全社会形成尊重自然、顺应自然、保护自然价值观和行为方式的有效途径，是学科教育的重要补充，可促使广大群众尤其是青少年和儿童价值观念的形成和转变，提升其对自然环境的认识水平、保护意识以及与自然相处的能力，培养协作精神，树立环保意识，推动社会绿色可持续发展，助力我国生态文明和美丽中国建设。在我国自然教育蓬勃发展的同时，也面临着诸多挑战。这其中，缺乏自然教育规范化开展的有效遵循，严重制约行业健康发展，自然教育标准化体系建设亟待完善。

中国林学会自然教育委员会(全国自然教育总校)作为统筹引领服务全国各地自然教育开展的"排头兵""领头雁"，自2019年成立以来便致力于完善自然教育标准化体系建设，推动行业规范化进程。

中国林学会根据《深化标准化工作改革方案》《国家林业局关于进一步加强林业标准化工作的意见》和《关于培育和发展团体标准的指导意见》等有关规定，制定《中国林学会团体标准管理办法》，开展团体标准制定工作。本书收集整理了截至当前由中国林学会发起并归口的诸项自然教育相关团体标准，包括《森林类自然教育基地建设导则》《自然教育标识设置规范》《湿地类自然教育基地建设导则》《自然教育志愿者规范》《自然教育师规范》《自然教育基地建设碳中和指南》，此项工作在中国科学技术协会、内蒙古老牛慈善基金会、海南省爱自然公益基金会等单位支持下完成，以期建立健全自然教育标准化体系，为行业规范化提供基本遵循，助力我国自然教育高质量发展。

在此，对各团体标准的起草单位和起草人，以及对本书出版付出辛勤汗水的全体人员致以诚挚的感谢。

编　者
2022年12月

目 录

前 言

T/CSF 010—2019 森林类自然教育基地建设导则 ················ 1

T/CSF 011—2019 自然教育标识设置规范 ······················ 9

T/CSF 019—2021 湿地类自然教育基地建设导则 ················ 23

T/CSF 020—2021 自然教育志愿者规范 ························ 35

T/CSF 001—2022 自然教育师规范 ···························· 45

T/CSF 012—2022 自然教育基地建设碳中和指南 ················ 51

中国林学会简介 ·· 59

海南省爱自然公益基金会简介 ································ 61

内蒙古老牛慈善基金会简介 ·································· 63

ICS 65.020.40
B 64

CSF

团 体 标 准

T/CSF 010—2019

森林类自然教育基地建设导则

Construction guide for forest-based nature education base

2019-10-25 发布　　　　　　　　　　　　2019-10-25 实施

中国林学会　发 布

T/CSF 010—2019

前　言

本文件按照GB/T 1.1—2009给出的规则起草。

本文件由中国林学会提出并归口。

本文件由中国林学会组织实施。

本文件起草单位：北京市林业碳汇工作办公室(国际合作办)、北京林学会、全国自然教育总校(中国林学会自然教育委员会)。

本文件主要起草人：马红、邵丹、朱建刚、智信、孙莹、张峰、韩艺、赵安琪、周长伟、邹大林、南海龙、张瑶、夏磊、孙海燕、赵兴凯。

T/CSF 010—2019

森林类自然教育基地建设导则

1 范围

本文件规定了森林类自然教育基地建设原则、选址要求、基地调查内容、主要功能定位与建设要求、设施类型以及运营与管理等内容。

本文件适用于森林类自然教育基地建设。

2 规范性引用文件

下列文件对于本文件的应用是必不可少的。凡是注日期的引用文件，仅所注日期的版本适用于本文件。凡是不注日期的引用文件，其最新版本（包括所有的修改单）适用于本文件。

JGJ 62　旅馆建筑设计规范
JGJ 64　饮食建筑设计标准
GB/T 18973　旅游厕所质量等级的划分与评定
LY/T 5132　森林公园总体设计规范
GB/T 20416　自然保护区生态旅游规划技术规程
LB/T 014　旅游景区讲解服务规范

3 术语和定义

下列术语和定义适用于本文件。

3.1 自然教育 nature education

在自然中学习体验关于自然的知识和规律，引导和培养人们认知自然、尊重自然、顺应自然和保护自然的生态观，建立人与自然的联结，以期实现人与自然的和谐发展。

3.2 自然教育基地 nature education base

具有以森林为主体的自然资源，具有明确的运营管理机构，配套有开展自然教育活动的设施及人员，且能够提供多种形式自然教育内容体系及所需要的场所。

3.3 自然体验 nature experience

在自然环境中通过视、听、闻、触、尝、思等方式，欣赏、感知、了解和享受自然。

3.4 自然观察径 nature observation trails

以观察、体验、教育为主要目的，结合一定设施，供体验者了解和学习自然的步道、小道等路径。

3.5 自然解说员 nature interpreter

运用科学、生动的语言和恰当的表达技巧，为体验者组织、安排体验事项，提供向导和讲解，通过引导人们对森林、自然、文化等方面的理解，激发其产生兴趣，从而传递自然知识的人员。

4 建设原则

4.1 保护优先
注重自然资源、自然环境的保护，不得破坏自然景观和保护对象的栖息环境，不得造成环境污染。

4.2 科学利用
建设和运营过程中要科学利用现有资源，因地制宜、突出特色，在现有设施无法满足自然教育需求时，在不破坏自然资源的前提下可适当调整。

5 选址要求

5.1 符合地方发展规划建设要求，权属清晰，能够作为自然教育基地长期使用。

5.2 交通便利，自然环境良好，生态系统健康，生物多样性丰富或具有典型性。

5.3 生活饮用水、环境空气等达到国家规定质量标准；无崩塌、滑坡、泥石流等地质灾害安全隐患；基地外延 5km 范围内无污染源。

6 基地调查内容

6.1 自然资源
包括地形、地质、地貌、水、空气、土壤、植被、野生动物等。

6.2 人文资源
包括文物古迹、历史文化、民族文化等。

6.3 应急资源
包括医疗、救护、公安、消防、紧急避难场所等资源。

6.4 其他资源
包括周边社区的社会经济条件；科普教育、休闲健身、景观欣赏等活动资源；道路、场馆场地、户外展项、餐饮住宿、通信等基础设施；接待公众参观的引导人员数量、管理机构和人员对基地的运营管理能力。

7 主要功能定位与建设要求

7.1 科普教育

7.1.1 资源类型多样，生物多样性高，具有针对性强、独特的内容体系，能够满足不同群体尤其是青少年的学习和了解知识的需求。

7.1.2 具有如博物馆、体验馆、图书馆、植物园等科普教育设施，如自然观察径、体验步道、观景步道等多功能步道设施，以及相关的解说设施等。

7.2 自然体验

7.2.1 森林季相变化丰富，观花、观叶等植物多，森林面积大的区域；或单一资源，特点突出，能够形成独特景观。

7.2.2 具备观景台、观景步道等设施设备。

7.3 休闲游憩

7.3.1 空间开阔、安全性高的区域，能开展游戏、攀登、露营等休闲体验活动。

7.3.2 具有满足自然教育体验的场所与设施。

8 设施类型

8.1 主要设施

森林类自然教育基地主要设施可参照 4 个不同类型建设，如表 1 所示。

表 1 森林类自然教育基地主要设施分类

类型	内容
1. 室内设施	包括但不限于森林体验馆、森林博物馆、森林创意坊、森林教室等
2. 室外设施	包括但不限于自然观察径、活动平台、露营地、步道、攀岩设施、观景台等
3. 解说设施	包括但不限于指示牌、标识牌、解说牌、智能解说系统等
4. 服务设施	包括但不限于游客中心、停车场、无障碍设施等服务设施；卫生间、饮水台、垃圾桶等卫生设施；电气、电话、广播音响等电器、通信设施；监控摄像头、火险报警器、安全警示灯等安全、应急设施

8.2 相关设施建设要求

住宿、餐饮、卫生、电气、通信、安全等设施，应符合如下标准：

住宿设施按照 JGJ 62 执行；

餐饮设施按照 JGJ 64 执行；

卫生设施按照 GB/T 18973 执行；

电气、通信、安全等设施按照 LY/T 5132 和 GB/T 20416 执行。

9 运营与管理

9.1 人员配备

9.1.1 自然解说员

森林类自然教育基地的自然解说人员应具有相关专业背景或专长，能够为受众提供自然解说服务。自然解说服务规范按照 LB/T 014 执行，能力要求见附录。

9.1.2 志愿者及专家团队

有一定数量且相对稳定的志愿服务团队及专家团队，志愿参加基地开展的自然教育活动相关工作。

9.2 内容开发

9.2.1 课程开发

自然教育基地结合地域资源特色，针对不同的群体和不同的时长，开发不同的自然教育课程，课程数量不低于 5 套，内容包括但不限于生态保护、生物多样性、气候变化等，形式包括但不限于探究性学习、体验式活动、自然游戏、手工制作等。

9.2.2 活动策划

结合当地的民俗风情、历史遗址及特色产品等，以音乐、舞蹈、摄影、绘画、节庆、展会等形式开展丰富的自然教育活动。

9.2.3 创意产品

科学利用当地资源材料设计制作文化创意产品。

9.3 基地管理

自然教育基地具有固定的管理机构和人员，负责自然教育基地的咨询、预约、活动设计、设施维护、游客管理等。鼓励优先培训和使用当地社区人员参与基地的运营管理，促进社区发展。积极与相关部门、科研院所、学校、社会团体、企事业单位等建立长期合作关系，定期组织自然教育活动，提高基地的利用效率。

附录
（资料性附录）
自然解说专业人员能力要求

类别	内容
知识要求	1. 掌握自然教育理论所包含的内容 2. 熟悉生态系统相关知识，并对植物、动物、昆虫、鸟类、地质、水文等多方面的内容有一定了解，或擅长某一专业领域 3. 具有一定的户外急救、意外伤害、应急处理的基本常识
技能要求	1. 熟悉不同受众类型的特点和需求，具有良好的服务意识和沟通技巧 2. 有比较娴熟的解说技能，语言流畅、生动 3. 有较强的应变能力，能妥善处理解说服务过程中出现的问题 4. 能够对体验活动内容进行创新

T/CSF 010—2019

参 考 文 献

[1] GB/T 18005—1999 中国森林公园风景资源质量等级评定
[2] GB/T 20399—2006 自然保护区总体规划技术规程
[3] LY/T 1764—2008 自然保护区功能区划技术规程
[4] LY/T 5132—1995 森林公园总体设计规范
[5] DB11/T 1304—2015 森林文化基地建设导则
[6] CJJ 48—1992 公园设计规范
[7] 张晓萍. 风景游憩林的营造技术和可持续经营[J]. 福建农业科技, 2006(1): 31-34.
[8] 巴伐利亚州食品、农业和林业部. 森林教育指南[M]. 北京: 中国林业出版社, 2013.

ICS 65.020.40
B 64

CSF

团 体 标 准

T/CSF 011—2019

自然教育标识设置规范

The criteria of scientific interpretive signs in nature education

2019-10-25 发布　　　　　　　　　　　　　　　　2019-10-25 实施

中国林学会　发 布

T/CSF 011—2019

前　言

本文件按照 GB/T 1.1—2009 给出的规则起草。

本文件由中国林学会提出并归口。

本文件由中国林学会组织实施。

本文件起草单位：北京市林业碳汇工作办公室(国际合作办)、北京林学会、北京京都风景生态旅游规划设计院、全国自然教育总校(中国林学会自然教育委员会)。

本文件起草人：邵丹、王欢、谢静、荣岩、李伟、杨欣宇、于海群、王建明、申倩倩、张通、乌恩、成甲、张耀天、窦萌春、张秀丽、赵兴凯。

自然教育标识设置规范

1 范围

本文件规定了自然教育标识设置的原则、分类、设计与选址、施工与管理等技术要求。

本文件适用于全国范围内国家公园、自然保护区、自然公园、城市公园绿地、林场、苗圃等场地的自然教育标识的设置与管理。

2 规范性引用文件

下列文件对于本文件的应用是必不可少的。凡是注日期的引用文件，仅所注日期的版本适用于本文件。凡是不注日期的引用文件，其最新版本(包括所有的修改单)适用于本文件。

GB/T 15566.1 公共信息导向系统 设置原则与要求 第1部分：总则
GB/T 31384—2015 旅游景区公共信息导向系统设置规范
GB/T 148—1997 印刷、书写和绘图纸幅面尺寸

3 术语和定义

下列术语和定义适用于本文件。

3.1 自然教育标识牌 scientific exhibits in nature education

对自然、科学、人文资源实体或信息进行解说，使公众了解解说对象并获得与之交流互动的载体。

3.2 综合信息导览牌 general exhibit guides

介绍某一区域或某条步道的资源特色、体验方式、游览线路图和设计理念等信息的标识牌。

3.3 主题知识点标识牌 wayside exhibits with themed information

针对某一解说主题或解说对象，就其相关知识点进行解说与展示的标识牌。

3.4 单体自然物标注牌 name boards of nature objects

对某一物种或环境因子的名称、分类、特征等信息进行标注说明的标识牌。

3.5 互动体验型装置 interactive experience part

通过文字、图形、语音讲解、定位识别、图像识别等媒体为手段，将访客从被动参观引导至主动体验参与的装置。

注：互动装置有一体式和分体式两种常见形式。一体式是在标识基座上附加单体互动装置；分体式是指互动装置与标识分开放置。

4 原则

4.1 设计原则

4.1.1 科学规范

信息内容准确，避免未经验证的科学性假设、有争议的科学论据和杜撰的故事等。

4.1.2 通俗易懂

解说文字应通俗易懂，尽量避免直接使用学术性用语，针对不同读者的理解能力，设定难易等级不同的内容。

4.1.3 教育为本

科普解说应以普及自然科学知识、弘扬生态文明精神、传播绿色生活理念为根本，实现"让受众了解科普知识""使受众产生强烈感受""让受众做出具体行为"三个层次的教育目标。

4.1.4 美观和谐

标识牌外观应突出当地文化特色，与周围环境协调一致。

4.1.5 趣味性强

科普解说内容应注重增强趣味性，充分利用图文结合、互动体验等形式，实现寓教于乐的效果。

4.2 设置原则

4.2.1 环境友好

建设和运营过程中，选取受众容易发现，不影响通行的观察点，且避免对自然资源、自然景观、动植物栖息环境的破坏。

4.2.2 安全优先

充分考虑解说设施的安全性，避免危害或潜在威胁公众生命安全的不合理设计与设置。

5 分类

5.1 综合信息导览牌

5.1.1 综合信息导览牌应包括自然与人文环境简介、基地简介、游览时间、导览图、体验方式、应急救援、安全提示等内容，如有特定主题内容，还应介绍相关信息。

5.1.2 综合信息导览牌应采用图文展板型，并配与环境相协调的景观构筑物，综合信息导览牌与景观构筑物的关系参见附录 A。

5.1.3 综合信息导览牌中可通过附加二维码的方式，增加更多拓展信息。

5.2 主题知识点标识牌

5.2.1 主题知识点标识牌的内容应包含以下几点：

a) 植物、动物、地质、地貌、土壤、水文等物种或环境因子的具体科普信息；
b) 植被、种群、群落、生态系统、生态现象与生态过程等环境生态科学知识；
c) 生态保护的意义、方法和历史变革等保护知识；
d) 全球及区域环境问题、环境伦理道德和绿色生活方式等解说；
e) 历史与人文信息(包括历史事件、人物、建筑、宗教、民族、法律等的科普知识)；
f) 区域/步道的设计理念说明；
g) 引导观察、体验、互动的设施使用说明；
h) 二维码拓展信息，包括语音、视频等信息。

5.2.2 主题知识点解说牌的形式可结合解说目标灵活采用图文展板型标识、互动体验型装置等。互动体验型装置的样式与说明参见附录 B。

5.3 单体自然物标注牌

5.3.1 单体自然物标注牌的内容应包含以下几点：
   a) 动植物中文名、拉丁名及科属信息；
   b) 动物习性与特征、地域分布等信息；
   c) 植物生态特征、花果期、地域分布等信息；
   d) 二维码扩展信息。

5.3.2 单体自然物标注牌的形式可根据具体情况采用图文展板型或新媒体型。

6 设计与选址

6.1 内容要求

6.1.1 除综合信息导览牌之外，一张标识牌的信息总量以不超过 5 个话题内容为宜。

6.1.2 主题知识点标识牌如涉及社会热点、已经引起公众误解的话题，应解释事件的来龙去脉并告知正确答案。

   示例：网络流传 80 个 PM2.5 粒子会堵死一个肺泡的说法系误读，在设置森林生态效应、空气治理、环境污染相关话题的标识牌时，应针对误读话题进行科学解释。

6.2 文案编写

6.2.1 文案结构包含主标题、引言导语、正文、延伸阅读和配图等框架，见图 1，主标题、正文、延伸内容是必不可少的结构。其所承载信息量应符合让大多数受众"3 秒阅读主标题""30 秒阅读正文""3 分钟阅读小贴士、配图插画、二维码信息等延伸阅读内容"的标准。

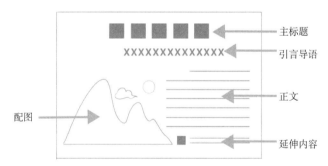

图 1 标识牌文案结构示意图

6.2.2 主标题应明确传达解说主题，不超过 10 个字；副标题不超过 25 字；正文 50~200 字。

6.2.3 应多使用短句和简短段落，每个段落控制在 3~5 个句子。

6.2.4 避免出现错误信息，包括物种名称与科属错误、信息引用出处错误、配图错误、视频链接错误、语法错误、版式与格式错误等。

6.2.5 针对儿童和青少年设置的标识牌应具有趣味性，对生僻名词、学术词汇、科学定义、科学原理和关系的解释应运用类比、举例、拟人等修辞手法来描述，生僻字可加拼音。

6.3 图文版式

6.3.1 采用图文展板型的主题知识点标识牌，其内容要素的排版形式应符合附录C的要求。

6.3.2 解说动植物的主题知识点标识牌、单体自然物标注牌，应包含动植物的中文名、拉丁学名及科属说明。

6.3.3 应图文并茂，配图宜使用实物照片或科学手绘插画；平面示意图的基础绘制要求应符合 GB/T 31384—2015 第6章中导向要素设计关于平面示意图的相关规定。

6.4 外观设计

6.4.1 标识牌与相关设施的设计原则应符合 GB/T 15566.1 的有关规定。

6.4.2 同一区域内，标识牌在材质、规格、式样、颜色等方面应和谐统一、风格相近。

6.4.3 标识牌展板边角避免出现直角、锐角等，互动装置等部件不可出现锋利的边角。

6.4.4 标识牌展板上印制科普信息的部分，宜设计可拆卸的机关，便于更新。

6.4.5 利用不同颜色标识解说对象的突出特征，红色代表濒危物种、橘红色代表有毒植物、蓝色代表常见植物(原生植物)、枣红色代表园艺栽培植物、橘黄色代表入侵植物、绿色代表国外引进植物。

6.5 材料与尺寸

6.5.1 综合信息导览牌尺寸应根据现场环境条件确定大小，以清晰展示信息、便于受众一眼辨识为原则。

6.5.2 高度低于150cm的展板型标识，展板的倾斜角度以与水平面45°夹角为宜，见图2。

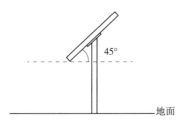

图2 展板形式的标识牌展板倾斜角度示意图

6.5.3 综合信息导览牌高度应根据现场环境条件确定，以突出解说牌位置、清晰展示导览信息、便于受众阅读为原则。主题知识点解说牌高度以展板底边距地面75cm～90cm为宜；单体自然物标注牌依据具体情况设置合理高度；挂在树上的小型树牌不宜高于170cm，插在地被植物丛中的标识牌高度宜控制在20cm～30cm。

6.5.4 展板材料宜选用环保、安全、耐用、阻燃、抗腐蚀、易于维护的材料，展板上可替换部分应选用美观、性价比高、易于更新的材料。

6.6 布点选址

6.6.1 综合信息导览牌应设置在出入口和主要交通节点。单体自然物标注牌应置于所介绍的自然物上或其旁边。

6.6.2 标识牌之间具有内容关联的应按照其逻辑关系进行布局，保证同一主题下的标识牌主次分明。

6.6.3 两个主题知识点标识牌之间的距离在平地环境中以30m～60m为宜，在山地或林下间距以15m～40m为宜。代表地方特色或反映某一重要主题的标识牌，密度可适当增加。

6.6.4 标识牌的设置位置应遵循以下要求：
a) 设置于步道沿途路边，靠近解说对象；
b) 对于脆弱及敏感的生物或环境资源，不宜设置标识牌；
c) 在人流密集、空间局促的地点，不宜设置标识牌。

6.6.5 标识牌安置地点应选择地质稳定、坡度平缓、风速较小之处，应避开以下地方：
a) 可能发生泥石流、洪水、大风等自然灾害的地方；
b) 意外危险高发区；
c) 易发生人为事故的地方；
d) 阳光暴晒的位置；
e) 地势低洼，容易淹没的地方。

7 安装与管理

7.1 安装方式

7.1.1 带有基座的标识牌，基座不宜使用混凝土浇筑加固。

7.1.2 不带基座、附着于自然物表面的标识牌，应采用悬挂、捆绑、直接放置的安装方式。

7.2 维护与更新

7.2.1 有专人负责定期清洁、更换褪色展板，发现锈蚀、油漆脱落、龟裂、风化等现象及时进行修复更新。

7.2.2 应根据资源和环境变化及时更新解说内容。

7.2.3 应建立新媒体科普信息数据库，实时将解说信息统一汇总并定期纠错或扩充更新。

附录 A
（资料性附录）
综合信息导览牌与入口景观构筑物位置关系说明

图 A.1 给出了综合信息导览牌与入口景观构筑物位置关系说明图。

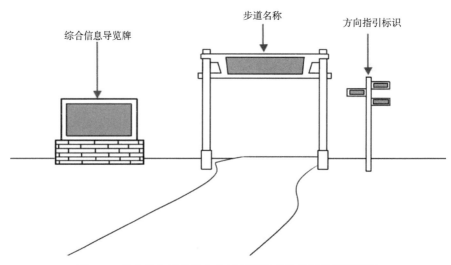

图 A.1 综合信息导览牌与入口景观构筑物位置关系说明图

T/CSF 011—2019

附录 B
（资料性附录）
自然教育标识牌互动体验装置样式与适用说明表

表 B.1 和表 B.2 给出了自然教育标识牌互动体验装置样式与适用说明表。

表 B.1　一体式自然教育标识牌互动体验装置样式与适用说明表

一体式 互动解说牌	适用情况	参考样式
翻板式 （或抽拉式等）	适用于多种解说信息，如设问猜谜类、对比类、扩充式，可引发访客思考	
滚筒式	适用于同类型信息类比或对比，可增强访客信息理解	

17

表 B.1 （续）

一体式 互动解说牌	适用情况	参考样式
转盘式 （或转筒式等）	适用于信息匹配类解说，有助于访客区分相似信息	
观察筒	适用于动植物形态解说，引导访客近距离观察	
魔盒式	适用于嗅觉/触感等感官的科普解说，引导访客调动多重感官，增强解说信息理解与记忆	
实物/模型 （嵌入）式	适用于触觉/嗅觉/实物对比观察等科普解说，增强访客真实性体验	
与基础设施结合的解说设施	生态型旅游区应尽量减少设施量，将解说牌与景区必要设施（如休息座椅、垃圾箱等）相结合，巧妙地进行解说	

表 B.2 分体式自然教育标识牌互动体验装置样式与适用说明表

分体式 互动解说牌	适用情况与参考样式
	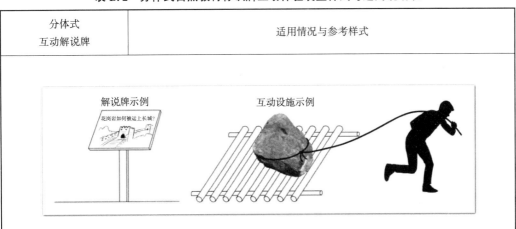

注：以上参考样式图例，以展示互动机关原理为主，具体样式形式不限于此。

附录 C
（规范性附录）
图文展板型主题知识点解说牌内容要素版式示例

图 C.1～图 C.5 给出了图文展板型主题知识点解说牌的内容要素版式示例。

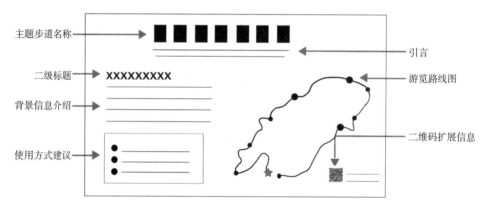

图 C.1　综合信息导览牌版式示例

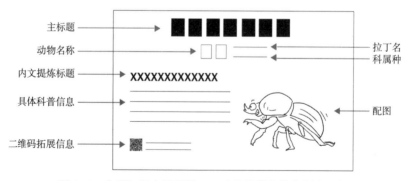

图 C.2　主题知识点解说牌——动物类科普信息版式示例

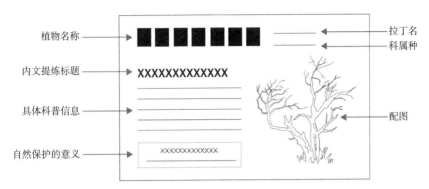

图 C.3 主题知识点解说牌——植物类科普信息版式示例

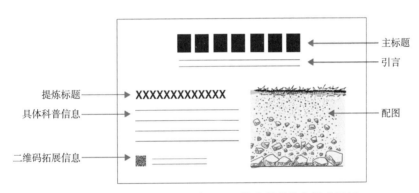

图 C.4 主题知识点解说牌——土壤类科普信息版式示例

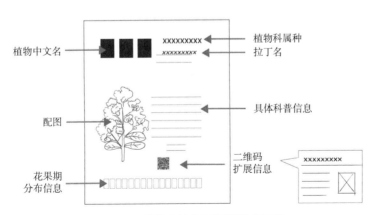

图 C.5 单体自然物标注牌版式示例

参 考 文 献

[1] 乌恩, 成甲. 中国自然公园环境解说与环境教育现状刍议[J]. 中国园林, 2011, 27(2): 17.
[2] 乌恩. 学习型休闲参与国民生活方式培育研究[C]//冯长根. 中国休闲研究学术报告. 北京: 旅游教育出版社, 2012.
[3] 窦萌春, 乌恩. 基于价值分析的环境解说系统规划方法框架初探——以香港嘉道理农场暨植物园解说规划为例[J]. 管理观察, 2015(10): 178-181.
[4] DB11/T 1615—2019 园林绿化科普标识设置规范

ICS 65.020.40
B 64

CSF

团 体 标 准

T/CSF 019—2021

湿地类自然教育基地建设导则

Construction guidelines for wetland nature education base

2021-11-30 发布　　　　　　　　　　2021-11-30 实施

中国林学会　发布

T/CSF 019—2021

前 言

本文件按照 GB/T 1.1—2020《标准化工作导则 第 1 部分：标准化文件的结构和起草规则》的规定起草。请注意本文件的某些内容可能涉及专利，本文件的发布机构不承担识别专利的责任。

本文件由中国林学会提出并归口。

本文件起草单位：中国林学会、苏州市湿地保护管理站、苏州市林学会、南京林业大学、苏州科技大学。

本文件主要起草人：郭丽萍、赵兴凯、冯育青、周婷婷、李欣、王婷、谢冬、朱颖、王乾宇、林昆仑。

湿地类自然教育基地建设导则

1 范围

本文件规定了湿地类自然教育基地建设原则、场地选择、设施建设和运营管理等内容。

本文件适用于湿地类自然教育基地建设。

2 规范性引用文件

下列文件中的内容通过文中的规范性引用而构成本文件必不可少的条款。其中，注日期的引用文件，仅该日期对应的版本适用于本文件；不注日期的引用文件，其最新版本(包括所有的修改单)适用于本文件。

GB/T 20416 自然保护区生态旅游规划技术规程
GB/T 18973 旅游厕所质量等级的划分与评定
LY/T 3188—2020 国家公园总体规划技术规范
LY/T 1755 国家湿地公园建设规范
LY/T 5132 森林公园总体设计规范
LB/T 014 旅游景区讲解服务规范
JGJ 62 旅馆建筑设计规范
JGJ 64 饮食建筑设计标准
T/CSF 011—2019 自然教育标识设置规范

3 术语和定义

下列术语和定义适用于本文件。

3.1 湿地 wetland

天然的或人工的、永久或间歇性的沼泽地、泥炭地、水域地带，带有静止或流动的淡水、半咸水及咸水水体，包括低潮时水深不超过 6m 的海域。

[来源：GB/T 24708—2009，2.1]

3.2 自然教育 nature education

以人与自然的关系为核心，以自然环境为基础，在自然中学习体验关于自然的知识和规律的一种教育方式或过程，引导和培养人们树立尊重自然、顺应自然和保护自然的生态文明理念，认同自然保护的意义，激发自我行动或参与保护的意愿，以期实现人与自然的和谐发展。

3.3 湿地自然教育基地 wetland nature education base

具有一定面积且以湿地为主体的自然资源，配套有开展自然教育活动的设施及人员，且能够提供多种形式自然教育内容的场所。

3.4 自然教育师 nature educator

具有自然专业知识储备和解说、教育技巧，能运用科学的方法，组织策划、制订和实施自然教育课程，在自然教育过程中组织引导或教授参与者以达到自然教育目的的专业人员。

4 建设原则

4.1 保护优先

以湿地生态系统的自然资源原真性和生态特征保护为前提，不破坏湿地的自然和人文景观，减少对野生动植物栖息地(生境)的干扰。

4.2 合理利用

科学评估和利用现有资源，因地制宜，突出本地特色，尽量运用和改造原有设施，新增设施应以满足自然教育需求为基础，不破坏现有自然资源和风貌。

4.3 教育为本

运用教育心理学，根据受众的身心特点和实际需要，注重知识性、科学性和趣味性，辅以自然、历史、社会、文化等知识内容，为其全面发展提供良好学习空间，培育社会共识和行动力量。

4.4 价值导向

秉持人与自然和谐共生理念，围绕湿地生态、生物多样性保护、湿地保护修复与合理利用等内容，宣传生态文明思想。

4.5 环境友好

基地建设材料尽量使用环保建筑材料、乡土材料和清洁能源，建筑风格应与周围自然环境相协调。

5 选址要求

5.1 有独立的运营管理机构及人员。

5.2 符合规划建设要求，土地权属清晰，能够作为自然教育基地长期使用。

5.3 自然生态良好，生态系统自然或近自然，生物多样性丰富，湿地资源具有典型性。

5.4 生活饮用水、环境空气等达到国家规定质量标准；无崩塌、滑坡、泥石流等地质灾害安全隐患。

5.5 交通便利，可利用的湿地自然资源或人文资源丰富，且具备设计和开发多种湿地自然教育课程的条件。

6 设施建设

6.1 自然教育场所

具备展示、体验、解说、教学活动开展的条件，形式应灵活多元，能集中化、主题化开展自然教育，主要分为综合性场所、主题性场所和辅助性场所。

6.1.1 综合性场所

具有室内展示、解说导览和自导式参访等功能，可独立建设或依托原有设施进行改造，包括但不限于独立性湿地科普场馆，或服务中心附带湿地的科普展示区。

6.1.2 主题性场所

具有开展自然观察、调查研究、互动体验等湿地自然教育活动的条件，可独立建设或整合现有设施，包括但不限于自然观察点、自然教室、观鸟屋（墙）和科普长廊等。

6.1.3 辅助性场所

具有开展室外展示或自导式参访的条件，可利用现有休憩和观景空间，包括但不限于观景点、自然步道、步道沿线休憩点、交通接驳工具及驿站等。

6.2 标识标牌

标识标牌应体现自然教育基地的特色，与周围环境协调一致，解说文字应科学规范、通俗易懂且兼顾趣味性，根据其主要功能和内容，分为管理性标识标牌和解说性标识标牌两大类。

6.2.1 管理性标识标牌

应满足基地各项管理需求，如规范制度、行为提示等公告性标识标牌和服务、交通引导等指示性标识标牌。

6.2.2 解说性标识标牌

应体现自然教育基地特色，满足在地性解说功能，针对湿地资源、湿地文化和保护管理策略等内容进行解释说明，如单体资源解说标识标牌、主题性解说标识标牌和总体导览解说标识标牌等。

6.3 其他设施

其他设施包括住宿设施按照 JGJ 62，餐饮设施按照 JGJ 64，卫生设施按照 GB/T 18973，给排水、供电、通信设施按照 LY/T 5132 执行，安全、防火设施按照 GB/T 20416 执行。

7 自然教育服务

7.1 解说服务

由自然教育师在基地重要资源点或沿固定解说教育路线开展系统化解说服务，包括带队解说、定点解说和非定点解说等。

7.2 课程服务

针对不同目标人群，依托基地内的自然资源和场地空间，开发不少于3套的自然教育课程，其中至少有1套本基地的特色课程。内容包括但不限于湿地观鸟、湿地动植物认知、湿地功能和湿地生境管理等，形式包括但不限于自然观察、自然游戏、自然体验和手工制作等。

7.3 推广服务

应具有多维度的推广服务媒介，包括但不限于文创产品、解说出版物、影音媒体、传统媒体和新媒体等，具备对外宣传推广的能力。

7.4 公众参与

与专家团队、专业机构和志愿者组织开展合作，协助设计、组织、宣传基地的活动。应组建相对稳定的志愿服务团队。

8 运营管理

8.1 人员配备

有专门的管理团队和自然教育师团队，管理团队能够承担基地日常运行、安全保障和宣传推广等工作，应包括 1 名专门负责或分管自然教育的责任人。自然教育师团队不少于 3 人，应具备解说导览、课程研发、活动策划和组织实施等能力。

8.2 安全保障

有完善的安全制度，配备安全保障设施，有应对突发事件、极端天气和重大事故等的安全应急预案；在基地明显位置张贴安全须知，设置安全警示标识；定期开展人员安全教育培训，确保活动组织的安全性。

8.3 基地管理

建立健全运营管理制度，制订年度工作计划和目标。定期维护基地内标识标牌、自然教育场所等设施，确保正常使用。鼓励优先培训和使用当地社区人员参与基地的运营管理，促进社区发展。

附录 A
（资料性）
湿地自然教育解说方案与课程设计表

湿地自然教育解说方案见表 A.1，课程设计见表 A.2。

表 A.1 湿地自然教育解说方案表

解说资源		编号	
解说主题			
相关解说路线和解说点		解说时间	
目标人群			
主要知识点			
解说方案			
辅助工具			
宣教评估			
拓展信息			

表 A.2 湿地自然教育课程设计表

课程主题			
课程模块			
举办时间		课程时长	
教学对象		教学师生比	
教学地点		涉及核心素养	
教学材料		知识点	
教学目标			
与学校课程标准的联系			
活动流程	1. 导入		
	2. 构建		
	3. 实践		
	4. 分享		
	5. 总结		
	6. 评估		
课程延伸			

附录 B
（资料性）
湿地自然教育服务分类及应用概述表

湿地自然教育服务分类及应用概述见表 B.1。

表 B.1 湿地自然教育服务分类及应用概述表

主要形式	简介	应用
解说服务	由自然教育师在基地重要节点(景点、湿地保护与修复示范点、自然教育设施点、活动现场)或沿固定路线开展的系统化人员解说，解说内容应根据基地自然资源特点进行设计	针对访客提供的常规免费或预约定制的湿地自然教育解说；内容、形式应灵活，有助于疏导和分散人流，强化基地自然教育主题和服务效果
课程服务	专业自然教育人员采用专业方法设计自然教育课程，由自然教育师带领，结合基地自然环境开展生动的体验式教学；传授湿地生态过程、生态功能、自然保护等相关知识，激发参与者理解自然、认同湿地价值的自觉性和提升生态保护的意识	由自然教育师定期在基地内外组织包括主题和系统化的课程，每套课程应有完整的教学方案，及时收集反馈意见以便定期调整优化；常见的可设计为自然教育课程的内容有：观鸟、湿地动植物认知、昆虫观察和湿地生境管理等
推广服务	运用多维度的媒体宣教形式在基地内外开展湿地自然教育推广，包括文创产品、印刷品(折页、海报、出版物等)、影音媒体(宣传片、小视频、音频等)、传统媒体(报纸、电视、广播等)和新媒体(网站、微博、微信等)	由管理部门负责，在基地内为访客提供自然教育服务的资讯，同时在多媒体平台上通过解说出版物、文创产品、影音媒体、活动资讯等内容提高基地的社会影响力

附录 C
（资料性）
湿地标识标牌分类及应用概述表

湿地标识标牌分类及应用概述见表 C.1。

表 C.1 湿地标识标牌分类及应用概述表

分类		简介	设立位置
管理性标识标牌	公告性标识标牌	为辅助基地日常管理，公告相关法律法规和制度规范，提醒访客规范参访行为的标识标牌	应设置在相应功能区的主要出入口、边界区和重要交通节点
	指示性标识标牌	提供游客必要的交通、后勤、自然教育活动等服务信息指示和引导的标识标牌	应设置在相关服务点、自然教育设施内和重要交通节点
解说性标识标牌	单体资源解说标识标牌	在基地内对单体资源进行解说的标识标牌，包括但不限于动物、植物、地形地貌、水文和气候等	应设置在可直接观察或具有较高频率观察到解说对象的位置；对于脆弱及敏感的生物或环境资源、空间局促地点和地势不稳处，不宜设置标识牌
	主题性解说标识标牌	介绍景观资源、物种关系、湿地文化、管理策略等主题性的标识标牌，包括但不限于景观科普、食物链关系、人文历史、传统习俗、湿地保护与修复等	应设置在可直接观察或具有较高频率观察到解说对象的位置；两个主题知识点标识牌之间的距离在平地环境中以 30m～60m 为宜，在山地或林下间距以 15m～40m 为宜；代表地方特色或反映某一重要主题的标识牌，密度可适当增加
	总体导览解说标识标牌	介绍基地概况、全景导览图、主要节点、游览路线、相关服务信息等的综合性标识标牌	应设置在基地入口、服务中心、中心广场、交通枢纽等核心设施处，可以辅助访客进一步规划行程的位置

附录 D
（资料性）
湿地自然教育场所分类及应用概述表

湿地自然教育场所分类及应用概述见表 D.1。

表 D.1 湿地自然教育场所分类及应用概述表

场所分类		简介	主要自然教育方式
综合性场所	湿地科普场馆	在基地内独立建设的湿地主题科普教育场馆	室内展示（实物+解说标识标牌）、人员解说和自然教育课程、自导式参访
	服务中心附带湿地科普展示区	在相关综合性设施中专门划出的开展主题化科普宣教的场所	室内展示（实物+解说标识标牌）、人员解说、自导式参访
主题性场所	自然观察点	在基地内可开展自然观察、自然游戏、自然体验等户外教学活动的场所	人员解说和自然教育课程
	自然教室	在基地内新建或利用现有场所，开展课程式或活动式自然教育的教学互动空间	以教学空间布设为主，辅以少量解说标识标牌；自然教育课程
	观鸟屋（墙）	在观鸟热点区域建设能为访客提供既不干扰自然生态和鸟类栖息，又适合观察鸟类的场所	半室外展示（解说标识标牌）、人员解说和自然教育课程、自导式参访
	科普长廊	在基地内配合主要的步道建设，以长廊的形式向参访者提供科普展示	室外或半室外展示（解说标识标牌）、自导式参访
辅助性场所	观景点	在基地主要节点设立较为开阔的休憩、观景、文化体验空间	室外展示（解说标识标牌）、人员解说、自导式参访
	自然步道	植物相丰富、自然景观优美，兼具休闲、教育与保育功能的步道	室外展示（解说标识标牌）、自导式参访，可搭配自然观察课程
	步道沿线休憩点	在基地内沿线为访客提供的休憩点，一般为小型休憩平台、凉亭或座椅等	室外展示（解说标识标牌）、自导式参访
	交通接驳工具及驿站	基地内的公共接驳车、电瓶车、游船等交通工具，以及主要交通枢纽或接驳站点	车身或室外展示（解说标识标牌）

参 考 文 献

[1] 马广仁. 国家湿地公园宣教指南[M]. 北京：中国环境出版社，2017.
[2] 国家林业局湿地保护管理中心. 国家湿地公园总体规划导则[Z]. 2018-01-09.
[3] 周儒. 自然是最好的学校[M]. 上海：上海科学技术出版社，2013.
[4] 雍怡. 中国环境教育课程系列丛书：生机湿地[M]. 北京：中国环境出版社，2017.
[5] DB11/T 1660—2019　森林体验教育基地评定导则
[6] DB11/T 1304—2015　森林文化基地建设导则
[7] T/CSF 010—2019　森林类自然教育基地建设导则
[8] T/CATS 002—2019　研学旅游基地(营地)设施与服务规范

ICS 65.020.40
B 64

CSF

团 体 标 准

T/CSF 020—2021

自然教育志愿者规范

Specification for nature education volunteers

2021-11-30 发布　　　　　　　　　　　　2021-11-30 实施

中国林学会　发布

T/CSF 020—2021

前　言

本文件按照GB/T 1.1—2020《标准化工作导则　第1部分：标准化文件的结构和起草规则》的规定起草。

请注意本文件的某些内容可能涉及专利。本文件的发布机构不承担识别专利的责任。

本文件由中国林学会提出并归口。

本文件起草单位：中国林学会、武汉地学之旅信息技术有限公司、韶关市丹霞山管理委员会、湖北生态工程职业技术学院。

本文件主要起草人：郭丽萍、秦向华、李鑫、赵兴凯、秦仲、戴文澜、孟耀、陈昉、熊子珺、何利华、韩非、常志华、彭轶、朱静、卢传亮、李红梅、赵康。

本文件为首次发布。

引 言

随着中共中央办公厅、国务院印发《关于建立以国家公园为主体的自然保护地体系的指导意见》，国家林业和草原局相继印发《关于充分发挥各类自然保护地社会功能大力开展自然教育工作的通知》《国家林草科普基地管理办法》。各类文件中明确指出自然保护地应在不影响自身资源保护和不违背相关保护条例的前提下，面向社会公众和青少年以及各类社会群体开展自然教育和科普宣教工作，并进行自然教育相关建设工作。

随着自然教育的发展和建设，人才队伍建设成为自然教育建设工作的重中之重。自然教育志愿者是自然教育人才队伍建设的重要环节和补充。志愿者在自然教育中扮演了重要的角色。中国自然教育行业的志愿者团队培养目前面临着招募困难、师资力量薄弱、培训经费不足、缺乏科学的管理制度、志愿者流失率高等问题。因此，开展自然教育志愿者规范化、标准化建设刻不容缓。

为了更好地发挥自然教育志愿者的作用，对自然教育志愿者队伍进行规范化、制度化管理。本文件从志愿者招募、选拔、培训、服务、权利与义务、管理及保障措施等方面进行了规定。通过相关条款的确立，更好地为自然保护地等自然教育场所提供规范的管理指引。

T/CSF 020—2021

自然教育志愿者规范

1 范围

本文件规定了自然教育志愿者规范的术语和定义、自然教育志愿者招募、选拔、培训、服务、权利与义务、管理及保障措施。

本文件适用于规范自然教育志愿者的全过程管理。

2 规范性引用文件

下列文件中的内容通过文中的规范性引用而构成本文件必不可少的条款。其中，注日期的引用文件，仅该日期对应的版本适用于本文件；不注日期的引用文件，其最新版本（包括所有的修改单）适用于本文件。

GB/T 40143—2021 志愿服务组织基本规范
MZ/T 148—2020 志愿服务基本术语

3 术语和定义

GB/T 40143—2021 和 MZ/T 148—2020 界定的以及下列术语和定义适用于本文件。

3.1 自然教育 nature education

以人与自然的关系为核心，以自然环境为基础，在自然中学习体验关于自然的知识和规律的一种教育方式或过程，引导和培养人们树立尊重自然、顺应自然和保护自然的生态文明理念，认同自然保护的意义，激发自我行动或参与保护的意愿，以期实现人与自然的和谐发展。

3.2 志愿者 volunteer

以自己的时间、知识、技能、体力等从事志愿服务的自然人。
［来源：GB/T 40143—2021，3.2］

3.3 志愿服务 voluntary service

志愿者(3.2)、志愿服务组织(3.3)和其他组织自愿、无偿向社会或者他人提供的公益服务。
［来源：GB/T 40143—2021，3.1］

3.4 自然教育志愿者 nature education volunteer

为各类自然教育(3.1)知识宣传、技术推广和运用等提供志愿服务(3.3)的自然人。

3.5 自然保护地 nature protected areas

由各级政府依法划定或确认，对重要的自然生态系统、自然遗迹、自然景观及其所承载的自然资源、生态功能和文化价值实施长期保护的陆域或海域，包括国家公园、自然保护区和自然公园。

3.6 志愿服务对象 voluntary service recipient

获得志愿服务的人、组织、事物以及环境。
［来源：MZ/T 148—2020，2.11］

3.7 志愿者培训 volunteer training

针对志愿者(3.2)开展的志愿服务(3.3)理念、权利与义务等基础知识、职业技能、技术规范等专业知识和技能培训。

注：志愿者培训一般分为志愿者通用培训、专业培训、岗位培训。

［来源：MZ/T 148—2020，3.5］

3.8 志愿服务组织 volunteer organization

依法成立，以开展志愿服务为宗旨的非营利性组织。

注：志愿服务组织可以采取社会团体、社会服务机构、基金会等组织形式。

［来源：GB/T 40143—2021，3.3］

3.9 自然教育志愿服务组织 nature education voluntary organization

由自然教育(3.1)相关单位或个人发起组成的非营利性组织或服务团队。

4 自然教育志愿者招募

4.1 招募开展

4.1.1 自然教育志愿服务组织可根据实际需求制订招募计划，应明确公告自然教育志愿服务项目和自然教育志愿者的条件、数量、服务内容、保障条件以及可能发生的风险等信息。

4.1.2 招募方式可采取公开招募与定向招募相结合、经常性招募与阶段性招募相结合、面向个人招募与面向集体招募相结合等方式开展招募工作。

4.2 申请及审核

4.2.1 申请

自然教育志愿者申请应按照要求填写规定的申请表，并应确保填写信息真实、准确、完整。

4.2.2 审核

自然教育志愿服务组织应对申请表进行内容审核，应保障申请表符合基础要求。

4.2.3 资格预审

自然教育志愿服务组织应依据自然教育服务项目的实际需求情况，针对自然教育志愿者申请人履历进行资格预审。

对于符合条件的予以登记，纳入自然教育志愿者候选名单。

5 自然教育志愿者选拔

5.1 基础原则

5.1.1 应维护国家和民族尊严，践行社会主义核心价值观。

5.1.2 应传承中华民族传统美德，弘扬"奉献、友爱、互助、进步"的志愿精神，自觉维护志愿者形象。

5.1.3 应具备与所参加的志愿服务项目及活动相适应的民事行为能力、身体素质和基本技能。

5.1.4 应具备团队协作意识，愿意分享志愿者服务经验。

5.2 择优原则
具有相关专业或相关从业经历者应优先选拔。

5.3 自然教育志愿者录用及结果公示
5.3.1 应定期关注报名情况，根据招募要求对申请人进行初步遴选。
5.3.2 应对申请人进行考察，符合岗位条件后给予录用，并及时通知录用结果。
5.3.3 申请人的录用应兼顾申请人的服务意向、个人能力和志愿服务组织的用人需求。
5.3.4 对自然教育志愿者录用结果进行公示。

5.4 协议签订
5.4.1 自然教育志愿服务组织应与自然教育志愿者之间签订协议，明确自然教育志愿者的权利和义务，约定志愿服务的内容、方式、时间、地点和安全保障措施等。
5.4.2 协议中应对自然教育志愿者的服务行为进行规范。

6 自然教育志愿者培训

6.1 培训资质认证和能力
培训自然教育志愿者的志愿服务组织资质应经过团体标准制定机构的认定，达到相应条件和能力的机构可开展培训。

团体标准制定机构应组织对自然教育志愿者培训机构的资质和能力进行认定。

6.2 培训规模
每批次培训的自然教育志愿者人数以 15~30 人为宜。

6.3 培训师资
6.3.1 培训师资格要求
自然教育志愿者培训人员应具有相关领域多年的理论和实践经验，具有从事自然教育以及专业领域或工作内容相关的资质证明。

6.3.2 培训师资配比
每批次培训师人数宜为志愿者人数的 10%~30%。

6.4 培训开展
自然教育志愿组织应制订培训方案和计划，针对不同类型的自然教育志愿者开展培训，并根据培训反馈意见持续改进。

6.5 培训内容
应根据自然教育的特色，开展以自然保护地等自然教育场所专业知识为主要内容的培训，包括自然教育志愿者通用培训和专业培训。

6.5.1 通用培训
自然教育志愿者通用培训应包括但不限于志愿服务基础知识、志愿服务的内涵与意义、志愿者的权利与义务、安全防范及应对等。

6.5.2 专业培训
针对自然教育志愿者开展的职业技能、服务规范等专业知识和技能培训。

6.6 培训形式
培训形式应分为理论培训和实践培训。

6.6.1 理论培训

6.6.1.1 理论培训以基础理论知识和通用概念及理念、政策为主。

6.6.1.2 理论培训开展应制作符合其培训目标的培训课件。

6.6.1.3 理论培训原则上以室内授课为主。

6.6.2 实践培训

6.6.2.1 实践培训以专业内容实地实训实操培训为主。

6.6.2.2 实践培训应根据培训目标制定培训计划，设计实操培训手册。

6.6.2.3 实践培训原则上以室外授课为主。

6.7 培训时长

6.7.1 针对具有长期志愿服务经验、对自然教育理解且熟悉的志愿者，临时培训时长应不少于 2 个学时。

6.7.2 针对有一定的志愿服务经验、对自然教育有一定了解的志愿者，短期培训时长应不少于 8 个学时。

6.7.3 针对没有志愿服务经验，对自然教育了解较少的志愿者，长期培训时长应不少于 16 个学时。

6.8 培训考核

培训考核分为理论考核和实操考核两部分，试卷考核和实操考核相结合。

7 自然教育志愿者服务

7.1 服务原则

7.1.1 遵循自愿、无偿、平等、诚信、合法的原则，不应违背社会公德、损害社会公共利益和他人的合法权益，不应危害国家安全。

7.1.2 尊重所有服务对象，举止文明、态度热情。

7.1.3 应对在服务过程中获悉的服务对象个人隐私或者其他依法受保护的信息进行保密。

7.2 服务内容

7.2.1 围绕生态文明建设，依托各类自然教育场所，结合需求，开展公益性自然教育类服务。

7.2.2 参与自然教育服务组织和相关单位开展的群众性自然教育活动组织等工作。

7.2.3 开展其他公益性自然教育类服务。

7.3 服务要求

7.3.1 形象要求

在开展志愿服务时，应注重个人形象，着装整齐，穿戴指定的服装及标识。

7.3.2 行为要求

7.3.2.1 应服从自然教育志愿服务组织对自然教育志愿者服务的安排和调配，遵守服务时间，服从所在团队的管理。

7.3.2.2 应掌握服务要求、服务知识和技能。

7.3.3 禁止行为

7.3.3.1 志愿者服装、标识不应外借。
7.3.3.2 开展志愿服务期间不应擅离岗位或办理私人事务，不从事与志愿服务工作无关的活动，不应做超越志愿者职责及能力以外的工作。
7.3.3.3 不应向服务对象收取费用和接受服务对象的馈赠。
7.3.3.4 不应以志愿服务名义进行营利性或违背社会公德的活动。
7.3.3.5 不应泄露在志愿服务中获悉的国家秘密、商业秘密、个人隐私以及其他依法受保护的信息。

8 自然教育志愿者权利与义务

8.1 权利

8.1.1 自愿加入或者退出自然教育志愿服务组织。
8.1.2 自主决定是否参与志愿服务活动。
8.1.3 获得所参与自然教育志愿服务的真实、准确、完整信息。
8.1.4 获得所参与自然教育志愿服务的必要工作条件和安全保障措施。
8.1.5 获得所参与自然教育志愿服务活动需要的培训。
8.1.6 要求自然教育志愿服务组织解决在自然教育志愿服务活动中遇到的困难。
8.1.7 对所参与自然教育志愿服务活动提出意见和建议。

8.2 义务

8.2.1 自觉维护志愿者的形象与声誉。
8.2.2 接受自然教育志愿服务组织安排参与志愿服务活动，应服从管理接受培训。
8.2.3 提供个人真实、准确、完整的注册信息，如有信息变更应及时报备。
8.2.4 按照约定提供志愿服务，因故不能按照约定提供志愿服务应及时告知自然教育志愿服务组织或者志愿者服务对象。
8.2.5 尊重服务对象的意愿、人格和隐私，不应向其收取或者变相收取报酬。
8.2.6 退出志愿服务活动时，履行告知的合理义务。
8.2.7 对自然教育志愿服务工作提出意见和建议。

9 自然教育志愿者管理

9.1 档案及信息管理

9.1.1 自然教育志愿服务组织应当建立自然教育志愿者注册、培训、服务记录和服务评价等档案制度。
9.1.2 自然教育志愿服务组织应使用信息化平台管理自然教育志愿者档案，应方便查询、转移和共享。
9.1.3 自然教育志愿者档案记录应符合及时、完整、准确、安全原则，任何单位和个人不得用于商业交易或者营利活动。
9.1.4 未经志愿者同意，自然教育志愿服务组织不应泄露志愿者的个人信息。

9.2 评价激励

9.2.1 评价内容应包括自然教育志愿者的服务态度、服务行为、服务时间、服务频率、服务效果、服务对象满意度以及志愿服务组织的评价等方面。

9.2.2 评价方式应综合采用管理者评价、同事评价、自我评价、服务对象评价相结合的方式，并注重日常考核与定期考核相结合。

9.2.3 自然教育志愿服务组织宜建立表彰和奖励机制，根据服务时长和服务效果，给予志愿者相关荣誉表彰和奖励，并推荐优秀志愿者参与高级别的荣誉评定。

10 保障措施

10.1 自然教育志愿服务组织应为自然教育志愿者的管理提供必要的设施设备、经费、人力和信息化保障。

10.2 自然教育志愿服务组织应为自然教育志愿者购买保险，或协助志愿者获得与志愿服务相关的保险。

参 考 文 献

[1] 关于建立以国家公园为主体的自然保护地体系的指导意见
[2] 关于充分发挥各类自然保护地社会功能大力开展自然教育工作的通知
[3] 国家林草科普基地管理办法
[4] GB/T 26355—2010 旅游景区服务指南
[5] GB/T 31173—2014 国民休闲教育导引
[6] GB/T 37709—2019 非正规教育服务通则
[7] GB/T 38716—2020 中小学生安全教育服务规范
[8] GB/T 39054—2020 社区教育服务规范
[9] LB/T 054—2016 研学旅行服务规范
[10] LY/T 1685—2007 自然保护区名词术语
[11] SB/T 11223—2018 管理培训服务规范
[12] DB33/T 2262—2020 旅游志愿者服务规范
[13] T/CCPITCSC 029—2019 实训指导能力培训与测评规范
[14] T/CCPITCSC 021—2018 管理培训服务成果验收规范
[15] T/CGDF 00004—2021 自然教育地图项目志愿者管理规范

ICS 03.180
A 18

CSF

团 体 标 准

T/CSF 001—2022

自然教育师规范

Specification for nature educator

2022-01-25 发布　　　　　　　　　　　　　　　2022-01-25 实施

中国林学会　发布

T/CSF 001—2022

前　言

本文件按照 GB/T 1.1—2020《标准化工作导则　第1部分：标准化文件的结构和起草规则》的规定起草。请注意本文件的某些内容可能涉及专利，本文件的发布机构不承担识别专利的责任。

本文件由中国林学会提出并归口。

本文件起草单位：中国林学会、北京大学、上海建尧文化传播有限公司。

本文件主要起草人：王秀珍、郭丽萍、王彬、马煦、赵兴凯、林昆仑、王剑如、李鹏远、朱美平、傅茜茜。

本文件为首次发布。

T/CSF 001—2022

自然教育师规范

1 范围

本文件规定了自然教育师的术语和定义、基本准则、专业态度、专业知识、专业能力等。

本文件适用于中华人民共和国境内从事自然教育活动中担当自然教育师职责的人员。

2 规范性引用文件

下列文件对于本文件的应用是必不可少的。凡是注日期的引用文件，仅所注日期的版本适用于本文件。凡是不注日期的引用文件，其最新版本(包括所有的修改单)适用于本文件。

DB51/T 2739—2020　自然教育基地建设
T/CSF 010—2019　森林类自然教育基地建设导则
T/CSF 019—2021　湿地类自然教育基地建设导则
T/CSF 020—2021　自然教育志愿者规范

3 术语和定义

下列术语和定义适用于本文件。

3.1 自然教育 nature education

以人与自然的关系为核心，以自然环境为基础，在自然中学习体验关于自然的知识和规律的一种教育和学习过程，引导和培养人们树立尊重自然、顺应自然和保护自然的生态文明理念，认同自然保护的意义，激发自我行动或参与保护的意愿，以期实现人与自然的和谐发展。

[来源：T/CSF 020—2021，3.1]

3.2 自然教育学校(基地) nature education school(base)

以山、水、林、田、湖、草、沙、冰等各类自然资源及其衍生物为依托，具有明确的运营管理机构，配套有开展自然教育活动所需要的配套服务设施及人员，且能够提供多种形式的自然教育课程及实现自然教育所需要的场所。

[来源：DB51/T 2739—2020，3.2，有修改]

3.3 自然教育师 nature educator

具有自然专业知识储备和解说、教育技巧，能运用科学的方法，组织策划、制订或实施自然教育活动课程，在自然教育过程中组织引导或教授参与者以达到自然教育目的的专业人员。

[来源：T/CSF 019—2021，3.4]

3.4 自然教育课程 nature education course

为达成一定的自然教育目标而形成的有组织、有计划的学习内容和活动安排，是对自然教育的教育目标、课程内容、课程活动方式和课程评价的规划和设计，是自然教育实施过程的总和。一般应包括课程指导思想、课程目标、课程内容、课程实施、课程评价以及其他相关说明等部分。

3.5 自然体验 nature experience

通过精心设计的以参与、体验、游戏和情境等为主要形式，在自然环境中通过视、听、闻、触、尝、思等方式，让参与者在参与过程中观察、理解、思考和分享，欣赏、感知、了解和享受自然。

［来源：T/CSF 010—2019，3.3，有修改］

4 基本准则

4.1 守法准则

自然教育的全过程应遵守相关法律法规及政策文件，不得出现损害国家利益、社会公共利益或违背社会公序良俗的行为。

4.2 安全准则

自然教育的全过程应强化安全意识，遵守安全法规，严格落实各项安全措施，肩负应有的安全责任，确保所有参与者的安全。

4.3 科学准则

自然教育课程设计和教学应保证内容能够正确地反映客观世界的本质和规律，并且符合学习者的身心发展规律。

4.4 平等准则

维护参与者合法权益，尊重个体差异，平等对待每一位参与者。

4.5 规范准则

遵守相关职业行为规范，品行端正，为人师表，仪容仪表举止得体。

5 专业态度

5.1 专业认同

认同开展自然教育的意义，热爱自然教育师事业，具有职业理想和敬业精神。具有积极向上的世界观和价值观，具有良好的道德习惯。热爱自然，尊重自然，自觉爱护自然、保护自然。

5.2 学习意识

认同自然教育师的专业性和独特性，注重自身专业发展，具有终身学习的意识。

5.3 安全意识

实施自然教育活动过程中，高度重视自然教育参与者。将保护自然教育参与者人身安全放在首位，有维护自然资源和环境的安全的意识，保障自然教育活动安全进行。

5.4 服务意识

自觉主动做好自然教育引导服务工作，积极沟通、热情讲解、主动关心参与者反馈、营造良好自然教育学习氛围。

5.5 创新意识

注重自然教育事业的创新发展，能够结合社会发展的需求，不断探索新的方法、新的内容、新的方向。

5.6 环境意识

以自然为师，对自然、社会环境具有敏锐度，能够理解自然规律，在生活上秉承友善地球的生活方式。

6 专业知识

6.1 自然科学知识

6.1.1 了解基本的生物学知识，熟悉常见的动植物识别特征和生长特性。

6.1.2 了解基本的生态学知识，熟悉基本的生态系统特征和规律。

6.1.3 了解基本的环境学和地理学知识，熟悉一般的气象、水文和地质地貌特征和规律。

6.1.4 掌握开展相应自然教育活动应具备的其他相关自然科学知识。

6.2 教育教学知识

6.2.1 了解教育学和心理学的基本理论，熟悉不同人群的认知规律。

6.2.2 了解大中小学、幼儿教育和成人教育的教学体系，熟悉相应的课程设置和教学方法。

6.2.3 了解教育教学改革方向和教育发展主流趋势，熟悉各教育类型综合实践活动课程内容。

6.3 通识性知识

6.3.1 了解自然教育相关政策法规，熟悉自然教育的相关标准。

6.3.2 了解安全管理基本知识，熟悉基本的急救与救援常识。

6.3.3 了解活动目的地的自然资源、社会经济、历史文化等基本情况。

6.3.4 熟悉保障自然教育活动顺利实施的信息技术。

7 专业能力

7.1 自然教育师（初级）

能够根据自然教育课程特点，完成行前准备、组织实施、活动评价、基本服务保障、基本安全防控处理等工作。

7.2 自然教育师（中级）

在具备自然教育师（初级）工作能力基础上，能够根据自然教育课程设计理论知识和基本原则，完成自然教育课程需求调研、需求评估分析及课程资源开发等工作。

7.3 自然教育师（高级）

在具备自然教育师（中级）工作能力基础上，能够完成课程资源管理与推广、评价机制构建、应急机制构建、安全体系建立及评估，具备自然教育相关研究的能力。

参 考 文 献

[1] 中华人民共和国教师法(中华人民共和国主席令第十五号)
[2] 中华人民共和国教育法
[3] 《幼儿园教师专业标准(试行)》
[4] 《小学教师专业标准(试行)》
[5] 《中学教师专业标准(试行)》
[6] 国务院办公厅《国民旅游休闲纲要2013—2020》国办发〔2013〕10号
[7] 教育部等11部门关于推进中小学生研学旅行的意见(教基一〔2016〕8号)
[8] 教育部关于印发《中小学综合实践活动课程指导纲要》的通知(教材〔2017〕4号)
[9] 教育部《中小学德育工作指南》教基〔2017〕8号
[10] 教育部印发《新时代中小学教师职业行为十项准则(2018年修订)》
[11] 国家林业和草原局《关于充分发挥各类自然保护地社会功能大力开展自然教育工作的通知》(林科发〔2019〕34号)
[12] GB/T 39736—2020 国家公园总体规划技术规范
[13] GB/T 15971—2010 导游服务规范
[14] GB/T 16766—2017 旅行业基础术语
[15] GB/T 26355—2010 旅游景区服务指南
[16] GB/T 31173—2014 国民休闲教育导引
[17] GB/T 37709—2019 非正规教育服务通则
[18] GB/T 38716—2020 中小学生安全教育服务规范
[19] GB/T 39054—2020 社区教育服务规范
[20] LB/T 004—2013 旅行社国内旅行服务规范
[21] LB/T 008—2011 旅行社服务通则
[22] LB/T 054—2016 研学旅行服务规范
[23] SB/T 11223—2018 管理培训服务规范
[24] DB11/T 1660—2019 森林体验教育基地评定导则
[25] DB11/T 1304—2015 森林文化基地建设导则
[26] DB33/T 2262—2020 旅游志愿者服务规范
[27] T/CGDF 00002—2019 绿色学校评价标准
[28] T/CATS 001—2019 研学旅行指导师(中小学)专业标准
[29] T/CCPITCSC 021—2018 管理培训服务成果验收规范
[30] T/CCPITCSC 029—2019 实训指导能力培训与测评规范

ICS 65.020.20
B 66

CSF

团 体 标 准

T/CSF 012—2022

自然教育基地建设碳中和指南

Guidelines for carbon neutrality in nature education base

2022-12-19 发布　　　　　　　　　　　　2022-12-19 实施

中国林学会　发 布

T/CSF 012—2022

前　言

本文件按照GB/T 1.1—2020《标准化工作导则　第1部分：标准化文件的结构和起草规则》的规则起草。

本文件由中国林学会提出并归口。

本文件起草单位：贵州省林业对外合作与产业发展中心、中国林学会、上海市林业总站、万科公益基金会、深圳市红树林湿地保护基金会、北京林业大学、中国林学会自然教育委员会、中国国际工程咨询有限公司。

本文件主要起草人：姚建勇、郭文霞、陈幸良、韩玉洁、谢晓慧、闫保华、郭金鹏、陈烨、郭丽萍、冯彩云、赵志江、许西西、胡玥、李莹、陆日。

请注意本文件的某些内容可能涉及专利，本文件的发布机构不承担识别专利的责任。

T/CSF 012—2022

自然教育基地建设碳中和指南

1 范围

本文件规定了碳中和自然教育基地建设的术语、基本要求、建设程序等方面的内容及要求。

本文件适用于碳中和自然教育基地的建设，其他碳中和的企业、社区、组织或团体等实体也可参照执行。

2 规范性引用文件

下列文件对于本文件的应用是必不可少的。凡是注明日期的引用文件，仅所注日期的版本适用于本文件。凡是不注日期的引用文件，其最新版本（包括所有的修改单）适用于本文件。

GB/T 41198—2021 林业碳汇项目审定和核证指南
GB/T 32151—2015 温室气体排放核算与报告要求：第1~10部分
DB51/T 2739—2020 自然教育基地建设
T/CSF 010—2019 森林类自然教育基地建设导则

3 术语和定义

下列术语和定义适用于本文件。

3.1 碳中和 carbon neutrality

企业、组织、团体或个人通过减少碳排放和购买碳信用或通过固碳增汇活动产生碳信用抵消自身一段时间内的碳排放，达到净零排放的情形。

3.2 自然教育基地 nature education base

以森林、草原或湿地等各类自然资源及其衍生物为依托，通过建设必要设施，提供开展自然教育的产品与服务，实现多元生态文化与体验教育功能的特定区域。

3.3 碳足迹 carbon footprint

根据《温室气体盘查议定书》（The Greenhouse Gas Protocol）、ISO 14064温室气体排放盘查验证相关标准等行业内认可的方法计算得到的，企业、机构、活动、产品或个人在特定的周期，其生产、营运或消费直接或间接产生的温室气体排放的绝对值总和。

3.4 林业碳汇项目 forestry carbon project

以增加森林碳汇量或减少森林碳排放为主要目的的项目，主要包括造林再造林、植被恢复、森林可持续经营、避免毁林和森林退化的项目等。

3.5 林业碳信用 forestry carbon credit

经具有资质的第三方核证机构核证、经相关管理部门签发、能够进入中国碳交易市场或地方政府认可的平台交易的林业碳汇项目产生的碳汇量。

3.6 标的物 subject

待分析其碳足迹已经或将通过碳信用或项目产生的碳汇量的抵消，达到大气碳平衡的事物，可包括自然教育基地的教育活动、产品、服务、建筑及其他基础设施等。

3.7 基线日期 baseline date

拟承诺实现碳中和的自然教育基地首次确定其碳足迹的时间。

3.8 合格日期 qualifying date

自然教育基地实现碳中和的日期。

3.9 应用周期 application period

用于做出碳中和声明的基线日期和首次合格测定日期之间或连续合格测定日期之间的一段时间。

3.10 直接排放 direct emissions

自然教育基地拥有或控制的排放源所产生的温室气体(Greenhouse Gas，GHG)排放。

3.11 间接排放 indirect emissions

与自然教育基地运营活动直接相关，而发生于其他实体拥有或控制的能源生产所产生的温室气体排放。

3.12 其他间接排放 other indirect emissions

与自然教育基地运营活动直接相关，而发生于其他实体拥有或控制的且不属于3.11所述的间接排放的温室气体排放。

3.13 剩余排放量 residual emissions

某界定标的物在实现减排后仍剩余的温室气体排放量。

4 基本要求

a) 对自然教育基地运营活动在基线日期与合格日期之间的碳足迹进行计量；

b) 使用《温室气体盘查议定书》、ISO 14064 温室气体排放盘查验证相关标准等行业内认可的指南或标准量化运营活动及与运营活动直接相关的碳足迹；

c) 制订碳足迹管理计划，并进行碳中和承诺声明；

d) 实施减少运营活动碳足迹的行动，同时确定这些减排行动的效果；

e) 对运营活动在合格日期的碳足迹进行计量，并用公认的方法计量剩余的温室气体排放量；

f) 通过已获得签发的碳信用或新建林业碳汇项目，以中和剩余的温室气体排放量。

5 碳中和程序

5.1 标的物及其温室气体排放的测定

自然教育基地的运营者将选择自然教育基地作为碳中和标的物的理由形成文件。界定自然教育基地作为标的物和其相关的温室气体排放所选择的方法应满足以下原则：

a) 纳入所有的温室气体，并将其转换为二氧化碳当量(tCO_2e)；

b) 在测定碳足迹时，应100%纳入与自然教育基地运营活动相关的直接排放；

c) 在测定碳足迹时，应100%纳入与自然教育基地运营活动相关的间接排放；

d) 如果排放量超过碳足迹总量1%，无论其属于直接、间接还是其他排放源，测定时都应对其进行考虑，除非有证据证明量化该排放量在技术上不可行或不符合成本有效性。

5.2 碳足迹的量化

5.2.1 碳计量

自然教育基地运营活动的碳足迹的计量方法应符合以下原则：

a) 明确自然教育基地的边界并形成文件；

b) 自然教育基地的碳足迹应基于初级活动数据获得，除非运营者能证明其不可行并可获得与自然教育基地运营活动相关的次级数据源；

c) 选择不确定性低，计量结果准确、一致、可重复的计量方法；

d) 温室气体排放应使用国家公布的、适用于本地区的排放因子来计算，如果无法获得此类因子，应使用国际或行业指南，任何情况下都应该确定这些数据的来源；

e) 使用的排放因子应与有关活动密切相关，并在量化时是现行有效的；

f) 根据 IPCC 最新所公布的 100 年全球变暖潜能指数（GWP100），将非二氧化碳温室气体转换为二氧化碳当量；

g) 碳足迹的计算不应包括任何碳信用的购买；

h) 所有碳足迹应以吨二氧化碳当量为单位的绝对值来表示。

5.2.2 自然教育文件

自然教育基地的运营者应编制文件，用于证实自然教育基地运营活动的碳足迹量化。文件内容包括：

a) 确定建立自然教育基地碳足迹所采用的标准和方法；

b) 选择所选方法的理由，包括在计量温室气体排放和选择或开发温室气体排放因子时做出的所有假设和计算；

c) 确认所选方法的应用符合 5.2.1 中所规定的原则；

d) 显示用于量化温室气体排放的实际方法（如初级或次级数据的使用）、采用的测量单位、应用周期及所产生碳足迹的大小；

e) 确定任何与量化温室气体排放相关的不确定性和可变性（如由使用其他类型数据所引起的），以及陈述任何相关假设解释的不确定性程度。

5.3 碳中和承诺

自然教育基地运营者承诺实现自然教育基地运营活动的碳中和。运营者制订碳足迹管理计划并形成文件。文件内容应包括：

a) 对自然教育基地运营活动碳中和承诺的陈述；

b) 实现自然教育基地运营活动碳中和的时间表；

c) 与自然教育基地运营活动实现碳中和时间表相对应的温室气体减排目标；

d) 计划实现和维持温室气体减排的手段，包括减少温室气体排放所提出的假设及采用减排技术和措施的理由；

e) 所采用的碳抵消策略，包括被抵消温室气体排放量的估算、抵消的性质及拟使用碳信用的来源、数量和类型；

f) 所采用的碳中和宣传工作，包括但不限于动态展示基地排放与中和数据、定期发布基地碳中和情况、对于基地服务对象排放活动的约束性提醒。

如果运营者希望一直维持自然教育基地的碳中和，应至少每隔 12 个月更新一次碳足迹管理计划，碳中和流程形成进度报告主动向社会提交，做好示范作用。

5.4 温室气体减排

5.4.1 温室气体减排行动

运营者应实施碳足迹管理计划，并对碳足迹管理计划进行定期的绩效评定，以实现自然教育基地运营活动的温室气体减排。

5.4.2 减排量的计量

运营者通过计算确定：已实施的自然教育基地运营活动减排行动产生的减排量。量化温室气体减排所用的方法应满足以下原则：

a) 温室气体减排的数量和类型，以及涵盖的时间范围均应形成文件；
b) 温室气体减排量的计量以绝对值表示，并于选择的应用周期相关联；
c) 计量减排量的方法与计量基线日期的碳足迹的方法相同；
d) 自然教育基地运营活动碳足迹以外所产生的温室气体减排不应纳入计量范围。

5.4.3 减排文件描述

自然教育基地运营者编制能证实温室气体减排的文件，包括：

a) 运营者计量其温室气体减排量所用的标准和方法；
b) 实现温室气体减排的实际手段；
c) 确认所用方法的应用符合5.4.2中所述的原则；
d) 选择方法和手段的理由，包括量化温室气体减排过程中所做出的所有假设和计算；
e) 以绝对值表示的、已实现的实际温室气体减排量，以及所占基线日期碳足迹的比例；
f) 计量温室气体减排的时间范围；
g) 碳足迹减少量。

5.5 抵消剩余温室气体排放

5.5.1 要求

运营者应通过购买碳信用的方式或通过新建林业碳汇项目产生碳汇量的方式抵消基地运行产生的温室气体排放量。用于碳抵消的碳信用应满足以下原则：

a) 用于抵消自然教育基地运营活动碳足迹的碳信用，应在相应的碳信用注册登记机构注销。已注销的碳信用应可追溯并提供相应证明。用于碳抵消的碳信用应按照以下顺序选择：

- 经县级及以上生态环境主管部门批准、备案或者认可的碳普惠项目产生的碳汇量（或减排量）；
- 中国温室气体自愿减排项目产生的"核证自愿减排量"（CCER）；
- 经联合国清洁发展机制（CDM）或其自愿碳标准执行理事会签发的中国项目温室气体减排量。

b) 通过新建林业碳汇项目的方式实现碳中和的时间不得晚于示范区建设结束后6年内，并应满足以下要求：

- 减排量核算应参照经备案的碳汇项目方法学或相关林业行业、地方或团体核算标准和技术规范实施，并经具有林业专业领域资质的温室气体自愿减排交易审定与核证机构实施审核；

- 新建林业碳汇项目用于碳中和之后，不得再作为温室气体自愿减排项目或者其他减排机制项目重复开发，也不可再用于开展其他活动或项目的碳中和；
- 拟开展碳中和示范的自然教育基地应保存并在公开渠道对外公示新建林业碳汇项目的地理位置、项目边界坐标范围、树种、造林面积、造林/再造林计划、营林计划、监测计划、减排量及其对应的时间段等信息。

5.5.2 文件描述

运营者应编制能证实碳抵消的文件，内容应包括：

a) 被抵消的温室气体排放种类；
b) 抵消类型和涉及项目；
c) 确认所用的碳抵消方案；
d) 用于碳抵消的碳信用数量和类型，以及产生碳信用的项目所涵盖的时间周期；
e) 实际碳抵消的数量；
f) 用于碳抵消的碳信用撤销的信息，包括碳信用注销机构证明或碳抵消已撤销的注册链接。

参 考 文 献

PAS 2060: 2014.Specification for the demonstration of carbon neutrality [S]. The British Standards Institution: BSI Standards, 2014.

中国林学会简介

中国林学会是我国林业界历史最悠久、学科最齐全、专家最广泛、组织体系最完备、在国内外具有重要影响力的学术团体。1917年2月12日，梁启超、张謇等社会知名人士与我国近代林学的开拓者之一凌道扬，在上海发起成立中华森林会；1928年更名为中华林学会。新中国成立后，在梁希、陈嵘等老一辈林学家的倡议下，于1951年2月恢复活动，并定名为中国林学会。

截至2022年，中国林学会有个人会员8万余名，其中拥有"两院院士"在内的高级会员500多人。学会下设9个工作委员会，49个二级分会（专业委员会），涵盖林业各个学科。2019年2月，中国林学会第十二次全国会员代表大会选举产生第十二届理事会。赵树丛当选为第十二届理事会理事长。曹福亮、蒋剑春、马广仁、宋权礼、郝育军、刘世荣、安黎哲、李斌、王浩、陈幸良、费本华当选为第十二届理事会副理事长，刘树人等53人当选为常务理事，陈幸良当选为秘书长。

中国林学会秘书处为国家林业和草原局直属事业单位，设7个处室。主要业务范围：学术交流、科学普及、咨询服务、国际合作、书刊编辑、科教奖励、科技推广、技术认证、科技评价、展览展示、成果鉴定、标准制定、专业培训、自然教育等。

近年来，在中国科学技术协会党组、国家林业和草原局党组的领导下，中国林学会坚持以习近平新时代中国特色社会主义思想为指引，牢固树立"四个意识"，坚定"四个自信"，做到"两个维护"，坚持"四个服务"的职责定位，努力建设林草科技工作者之家，各项工作取得了显著成效。中国林学会入选中国科协世界一流学会建设行列，先后被授予"全国科普工作先进集体""全国生态建设先进集体"等称号，连续多年被中国科学技术协会评为"科普工作先进单位"，荣获"全国优秀扶贫学会"等称号。《林业科学》连续多年被评为"百种中国杰出学术期刊"和"中国国际影响力优秀学术期刊"。梁希科学技术奖在国家科学技术奖励工作办公室组织的第三方评价中评为优秀，在全国200多个社会力量设奖中排名第九。中国林学会党总支多次被评为优秀党组织。在第二十四届中国科协年会发布的《2022年全球科技社团发展指数报告》中，中国林学会名列全球农业科学学会top30名单，排名第10。

海南省爱自然公益基金会简介

海南省爱自然公益基金会(以下简称基金会)由亚太森林恢复与可持续管理组织倡议发起，2019年9月在海南省注册成立。

基金会的宗旨：推动自然教育事业发展，促进人与自然和谐共生。

基金会公益活动的业务范围：

(一)支持以自然教育为主的生态保护领域的能力建设和国内外合作；

(二)支持陆地生态系统保护、恢复和可持续管理活动；

(三)支持鸟类保护及栖息地恢复；

(四)开展促进人与自然和谐共生的宣传交流活动；

(五)其他符合本基金会宗旨的公益活动。

Introduction of Hainan Nature Foundation

Hainan Nature Foundation (HANAF) is a nonprofit organization established by Asia-Pacific Network for Sustainable Forest Management and Rehabilitation (APFNet).

Mission

HANAF is to help promote the harmony between human and nature and the development of nature education.

Scope of Work

1. To support capacity building activities in area of nature education and ecological conservation, and domestic and international cooperation.

2. To support activities in area of ecosystem conservation, restoration and sustainable management.

3. To support birds protection and habitat restoration.

4. Publicity of harmony between human and nature.

5. To support activities that are consistent with the mission of the Foundation.

内蒙古老牛慈善基金会简介

内蒙古老牛慈善基金会(以下简称老牛基金会)是由蒙牛乳业集团创始人、前董事长、总裁牛根生先生携家人将其持有蒙牛乳业的全部股份及大部分红利捐出,于2004年年底成立的从事公益慈善活动的基金会。

截至2021年年底,老牛基金会累计与186家机构与组织合作,开展了277个公益慈善项目,遍及中国31个省(自治区、直辖市、特别行政区)及美国、加拿大、法国、意大利、丹麦、尼泊尔以及非洲地区,公益支出总额16亿元。

老牛基金会连续七年在"中国慈善透明报告""中国基金会透明指数"中位列榜首;连续四年在"中国非公募基金会捐赠榜"中名列前茅;荣获"家族慈善基金会十强""智慧捐赠推动者""中欧十佳绿茵基金会奖";被民政部授予"全国先进社会组织"、内蒙古自治区民政厅授予"5A级社会组织"、呼和浩特市政府授予"慈善事业突出贡献奖";荣获内蒙古自治区社会组织"先进基层党组织";荣获"内蒙古自治区机关档案工作测评自治区一级"荣誉。

内蒙古盛乐国际生态示范区项目获民政部中华慈善奖"最具影响力项目";内蒙古"光明行"社会公益活动获中华慈善奖"最具影响力项目奖""感动内蒙古人物"特别奖,并被亚洲防盲基金会授予"亚洲地区唯一特殊贡献奖";老牛儿童探索馆项目、老牛冬奥碳汇林项目先后荣获"年度十大慈善项目";深圳国际公益学院项目被评为"年度慈善榜样"。

Introduction of Inner Mongolia Lao Niu Foundation

Inner Mongolia Lao Niu Foundation (hereinafter referred to as Lao Niu Foundation) is a foundation engaged in public welfare and philanthropy, which was established at the end of 2004 by Mr. Niu Gensheng, the founder, former chairman and president of Mengniu Dairy Group, and his families who donated the shares and most dividends of Mengniu Dairy Group they held.

Through cooperation with 186 institutions and organizations, the Foundation has undertaken 277 public welfare and charity projects in 31 provinces (autonomousregions/municipality/specialadministrative region) in China and the regions of the United States, Canada, France, Denmark, Nepal, Africa and Italy by the end of 2021, with the philanthropic expenditure of CNY1.6 billion.

Besides, The Lao Niu Foundation ranked the first in China Charity Transparency Report and China Charity Transparency Index for a Seventh consecutive year, and it topped the list of "China's Non-Public Offering Foundation Donation" for four years in a row, and honored as the prizes of Top Ten Family Foundations, Wise Giving Promoter and Top Ten China – European Green Foundations. It was awarded the titles of National Advanced Social Organization by the Ministry of Civil Affairs and Class 5A Social Organization by the Department of Civil Affairs of the Inner Mongolia Autonomous Region, and the Prize for the Outstanding Contribution to Philanthropy by Hohhot Government. It also honored as the advanced basic – level party organization by the Social Organization of Inner Mongolia Autonomous region; and honored as "The First Level of Inner Mongolia Autonomous Region in archival work".

Inner Mongolia Shengle International Ecological Demonstration Zone once won China Charity Prize "The Most Influential Project" of Ministry of Civil Affairs of China. The "Vision Recovery" Social Public Welfare Activity has been honored as the activity of the Most influential project of China Charity Prize, the sixth "Touching the Inner Mongolia Character" and also has been awarded as "The Only Special Award" in Asia by The Asian Foundation for the Prevention of Blindness. "Lao Niu Children's Discovery Museum of China National Children's Center (CNCC)" and Lao Niu Winter Olympic Forest Carbon Project all once earned one of "Top Ten Philanthropy Project". The project of China Global Philanthropy Institute was named "Charity Model of the year".